U0231813

北大名师讲科普系列
编委会

编委会主任： 龚旗煌

编委会副主任： 方　方　马玉国　夏红卫

编委会委员： 马　岚　王亚章　王小恺　汲传波

孙　晔　李　昀　李　明　杨蕙璇

陆　骄　陈良怡　陈　亮　郑如青

秦　蕾　景志国

丛书主编： 方　方　马玉国

本册编写人员

编　　著： 戴瀚程

核心编者： 贾文博　董　鹏　张玉洁

其他编者： 戴　颖　刘　晶　栾　斌　赵　春

阎　菲　李　静　陈　娜　李瀚海

北大名师讲科普系列

丛书主编　方方　马玉国

北京市科学技术协会
科普创作出版资金资助

探知无界

气候变化的危机与应对

戴瀚程　编著

北京大学出版社
PEKING UNIVERSITY PRESS

图书在版编目（CIP）数据

探知无界：气候变化的危机与应对 / 戴瀚程编著 . 北京 : 北京大学出版社 , 2025.
1. -- (北大名师讲科普系列). -- ISBN 978-7-301-35363-9

Ⅰ . P467–49

中国国家版本馆 CIP 数据核字第 20242QR858 号

书　　　　名	探知无界：气候变化的危机与应对	
	TANZHI WUJIE：QIHOU BIANHUA DE WEIJI YU YINGDUI	
著作责任者	戴瀚程　编著	
丛 书 策 划	姚成龙　王小恺	
丛 书 主 持	李　晨　王　璠	
责 任 编 辑	张玮琪　王　璠	
标 准 书 号	ISBN 978-7-301-35363-9	
出 版 发 行	北京大学出版社	
地　　　　址	北京市海淀区成府路 205 号　　100871	
网　　　　址	http://www.pup.cn　　　新浪微博：@ 北京大学出版社	
电 子 邮 箱	编辑部 zyjy@ pup.cn　　总编室 zpup@ pup.cn	
电　　　　话	邮购部 010-62752015　　发行部 010-62750672　　编辑部 010-62754934	
印 　刷 　者	北京九天鸿程印刷有限责任公司	
经 　销 　者	新华书店	
	787mm × 1092mm　　16 开本　　8.25 印张　　89 千字	
	2025 年 1 月第 1 版　　2025 年 1 月第 1 次印刷	
定　　　　价	48.00 元	

总　序

龚旗煌

（北京大学校长，北京市科协副主席，中国科学院院士）

科学普及（以下简称"科普"）是实现创新发展的重要基础性工作。党的十八大以来，习近平总书记高度重视科普工作，多次在不同场合强调"要广泛开展科学普及活动，形成热爱科学、崇尚科学的社会氛围，提高全民族科学素质""要把科学普及放在与科技创新同等重要的位置"，这些重要论述为我们做好新时代科普工作指明了前进方向、提供了根本遵循。当前，我们正在以中国式现代化全面推进强国建设、民族复兴伟业，更需要加强科普工作，为建设世界科技强国筑牢基础。

做好科普工作需要全社会的共同努力，特别是高校和科研机构教学资源丰富、科研设施完善，是开展科普工作的主力军。作为国内一流的高水平研究型大学，北京大学在开展科普工作方面具有得天独厚的条件和优势。一是学科种类齐全，北京大学拥有哲学、法学、政治学、数学、物理学、化学、生物学等多个国家重点学科和世界一流学科。二是研究领域全面，学校的教学和研究涵盖了从基础科学到应用科学，从人文社会科学到自然科学、工程技术的广泛领域，形成了综合性、多元化的布局。三是科研实力雄厚，学校拥有一批高水平的科研机构和创新平台，包括国家重点实验室、国家工程研究中心等，为师生提供了广阔的科研空间和丰富的实践机会。

多年来，北京大学搭建了多项科普体验平台，定期面向公众开展科普教育活动，引导全民"学科学、爱科学、用科学"，在提高公众科学文化素质等方面做出了重要贡献。2021年秋季学期，在教育部支持下北京大学启动了"亚洲青少年交流计划"项目，来自中日两国的中学生共同参与线上课堂，相互学习、共同探讨。项目开展期间，两国中学生跟随北大教授们学习有关机器人技术、地球科学、气候变化、分子医学、化学、自然保护、考古学、天文学、心理学及东西方艺术等方面的知识与技能，探索相关学科前沿的研究课题，培养了学生跨学科思维与科学家精神，激发学生对科学研究的兴趣与热情。

"北大名师讲科普系列"缘起于"亚洲青少年交流计划"的科普课程，该系列课程借助北京大学附属中学开设的大中贯通课程得到进一步完善，最后浓缩为这套散发着油墨清香的科普丛书，并顺利入选北京市科学技术协会2024年科普创作出版资金资助项目。这套科普丛书汇聚了北京大学多个院系老师们的心血。通过阅读本套科普丛书，青少年读者可以探索机器人的奥秘、环境气候的变迁原因、显微镜的奇妙、人与自然的和谐共生之道，领略火山的壮观、宇宙的浩瀚、生命中的化学反应，等等。同时，这套科普丛书还融入了人文艺术的元素，使读者们有机会感受不同国家文化与艺术的魅力、云冈石窟的壮丽之美，从心理学角度探索青少年期这一充满挑战和无限希望的特殊阶段。

这套科普丛书也是我们加强科普与科研结合，助力加快形成全社会共同参与的大科普格局的一次尝试。我们希望这套科普丛书能为青少年读者提供一个"预见未来"的机会，增强他们对科普内容的热情与兴趣，增进其对科学工作的向往，点燃他们当科学家的梦想，让更多的优秀人才竞相涌现，进一步夯实加快实现高水平科技自立自强的根基。

目 录 CONTENTS

第三讲 | 应对气候变化的策略与机遇 / 79

▐▐ 导 语

　　人类社会与自然系统密不可分。然而，自工业革命以来，随着社会经济的快速发展，全球气温持续攀升，进而导致海平面逐年上升。这一连串的变化不仅威胁着地球的健康，还对人类赖以生存的粮食供应、能源生产、水资源安全以及基础设施造成了前所未有的冲击。

　　现在，我将与大家一同揭开气候变化的神秘面纱，探究"温室气体"这一气候变化的"幕后黑手"，为地球健康寻找答案。同时，我们也将深入探讨，面对这一挑战，我们应当采取哪些策略来应对气候变化，为人类和地球的未来描绘一幅更加绿色、可持续的蓝图。

感兴趣的读者可扫描
二维码观看本课程视频节选

TH

HUMAN PERIO

ERUPTIONS

VOLCANIC CLIMA

COOLING EXTENDED

OBSERVATIONS

LONG SOLA

第一讲

气候变化的奥秘与
深远影响

⋮⋮⋮ 一、气候问题的提出

同学们听说过"气候变化"这个词吗？气候变化给我们带来了哪些气候灾害？气候变化包括哪些具体现象？大家可以思考一下。

现在，让我们从一个根本的问题开始——人类社会的生产和生活与周围的自然系统是密不可分的。长久以来，不论是我们种植的粮食、赖以生存的林地，还是养殖业中的牲畜及其产品，甚至是工厂运行所需要的能源以及日常使用的交通工具，总而言之，也就是人类的衣食住行，都与自然系统密不可分。

我们从自然系统中获取各种能源和原材料，同时，通过人类社会的生产、消费活动，以及由此产生的"三废"等废弃物给环境带来了污染，这些废弃物最终排放到自然系统中被消解。

🔭 知 识 链 接

"三废"是指人类从事生产活动和消费活动所产生的废弃物，包括废水、废气和固体废弃物。

废水是指那些在生产、生活过程中被污染并失去原有使用价值的水体。它可能源自工厂的排污管道，也可能来自我们日常洗涤后的下水道。废水中往往含有各种有害物质，如重金属、化学物质、微生物等。若废水未经处理直接排放至自然水体，将严重污染水质，威胁水生生物的生存，并且影响人类自身的饮用水安全。因此，对废水进行科学的处理与回收利用，是保护水资源、维护环境健康的重要举措。

废气是指工业生产、交通运输、燃料燃烧等过程中排放到大气中的有害气体和颗粒物。废气中含有多种污染物，其物理和化学性质非常复杂，毒性也不尽相同。燃料燃烧排出的废气中含有二氧化硫、氮氧化物、碳氢化合物等；工业生产则因原料种类及工艺流程的差异，排放出含有重金属、盐类、放射性物质的多种有害气体；汽车排放的尾气中含有铅、苯和酚等碳氢化合物。废气对大气环境的污染已成为全球范围内最普遍、最严重的环境问题之一。

固体废弃物是指在生产、生活和其他活动中产生的丧失原有利用价值或虽未丧失利用价值但被抛弃的固态或半固态物质。它们可能来源于家庭生活、农业生产、工业生产等多个领域。固体废弃物主要包括固体颗粒、垃圾、炉渣、污泥、废弃制品、破损器皿、残次品、动物尸体、变质食品、人畜粪便等。有些

国家把废酸、废碱、废油、废有机溶剂等高浓度的液体也归为固体废弃物。固体废弃物处理不当，不仅会占用大量土地资源，还可能通过渗滤、风扬等方式污染土壤、水体和大气。因此，实行垃圾分类、推广资源回收、发展循环经济是减少固体废弃物污染、促进可持续发展的有效途径。

在人类还没有达到现在这样的发展水平时，资源的获取、能源的利用以及所产生的排放并未构成显著问题，自然系统可以净化这些影响，维持生态平衡。然而，人类的发展和大规模的资源开采与排放，对自然系统产生了一系列不可忽视的影响。自然系统无法一直提供如此庞大的资源和能源，也无法及时清洁和消除这些负面影响。

因此，科学家们越来越意识到地球的承受能力是有限的。当人类对地球的干扰和影响超过地球的承受能力的极限时，地球的边界就会被突破，从而对地球的健康造成威胁。

知识链接

地球的承受能力是一个复杂的概念，它涉及多个方面，包括空间承载能力、资源承载能力、生态系统承受能力等。

（1）空间承载能力

地球的陆地面积约为 1.48 亿平方千米，而人类主要生活区的总面积仅占地球陆地总面积的五分之一左右。尽管地球在空间上具有很大的发展潜力，但人类居住区域仍然非常有限。

（2）资源承载能力

地球的资源是有限的，包括食物、能源、水等。根据科学家的计算，在食物和能源充足的前提下，地球理论上可以承载 1300 万亿人，这远远超过了当前世界人口。然而，这只是一个理论预测，实际上人类还需要衣食住行，这势必将消耗大量的地球资源。

（3）生态系统承受能力

生态系统承受能力是指一个生态系统能够容纳和维持的人类活动和资源消耗的上限。当前全球人口快速增长，对地球资源和生态系统造成了重压。为了减轻地球的压力，人类需要坚持可持续发展，使用清洁能源，研发产量更高、营养更丰富的食物，并改变居住环境。

地球的承受能力到底有多大？乐观者认为，科学技术具有极大的潜力，可以帮助人类找到新的资源，解决各种难题，未来世界的人口不会达到地球的承受能力的极限值。悲观者认为，目前世界人口太多，已经超过地球的承受能力，如果人口进一步增长，势必引起严重的后果。介于乐观者和悲观者之间的一些学者认为，地球所能容纳的人口数量在 100 亿左右。

？想一想

地球的承受能力是不变的吗？如果是变化的，其变化可能受到哪些因素的影响？

扫描二维码
查看参考答案

从全球的角度来看，科学家们指出，当前人类正面临重大的危机。

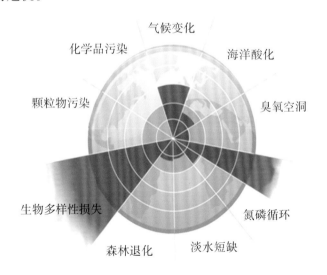

当前人类面临的重大危机

这些危机涵盖了气候变化、海洋酸化、臭氧空洞、氮磷循环、淡水短缺、森林退化、生物多样性损失、颗粒物污染、化学品污染等一系列环境和气候问题。其中，以下三个问题是极为突出的。

（1）气候变化

气候变化的源头通常并非污染物本身，而是一些看不见、摸不着的气体，如二氧化碳、甲烷等温室气体。这些气体被排放到大气中，导致地球温度逐渐升高。

（2）氮磷循环

氮磷循环原本是自然界中的氮元素和磷元素在生物圈内循环往复的一个自然过程，然而，近年来，人类在农业生产中的广泛实践，特别是大量施用化肥（包括氮肥和磷肥），显著加速了氮磷循环中的某些环节。这些过量的化肥在施用后流入土壤和水体，最终汇聚至湖泊、河流甚至海洋，导致水体富营养化等问题。

简单来说，水体富营养化就是水体中营养物质（如氮、磷等）含量过多，导致水生生态系统失衡的过程。这些多余的营养物质主要来源于农业化肥的流失、生活污水的排放、工业废水的不当处理以及大气的沉降等途径。当它们进入水体后，会促进藻类和其他微生物的过度繁殖，这些生物在生长过程中会消耗大量的溶解氧，并产生有害物质。

大家可以想象一下，原本清澈的水体中，突然涌现出大量的藻类，它们像绿色的地毯一样覆盖在水面上，不仅影响了水体的美观，还阻碍了阳光穿透水面，使得水下植物无法进行光合作用，进而影响整个水生生态系统的平衡。更为严重的是，随着藻类的大量死亡和分解，它们会消耗掉水中更多的溶解氧，导致水质恶化，威胁鱼类和其他水生生物的生存。

水体富营养化不仅破坏了生态环境，还对人类健康产生了影响。被污染的水体可能成为细菌和病毒的温床，增加了人类接触和传播疾病的风险。同时，含有高浓度营养物质的水体在特定条件下还可能引发"水华"现象，释放出有毒物质，如硫化氢、氨气等，进一步危害人类和动植物的健康。

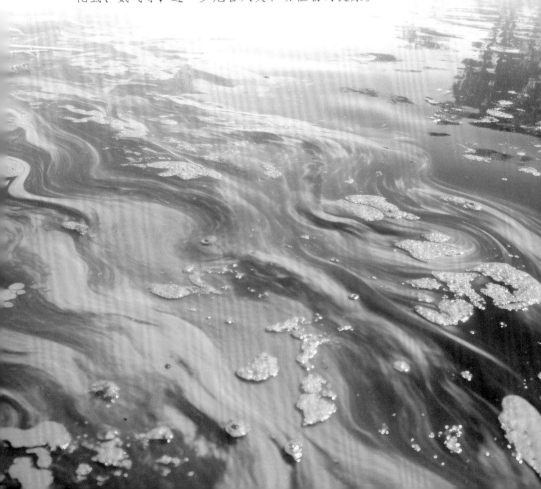

（3）生物多样性损失

科学家们认为，我们可能正处于第六次物种大灭绝的边缘。在过去的五次物种大灭绝事件中，最近的一次是距今约6500万年前的恐龙大灭绝事件，当时有包括恐龙在内的75%～80%的物种灭绝。近些年来，每天平均有约75个物种灭绝，这使得自然系统的生物多样性面临着巨大的挑战。

 知 识 链 接

物种大灭绝是指在一个相对较短的地质时期内，多种因素共同作用导致大量生物种类迅速消失的现象。历史上，地球已经历了五次广为人知的物种大灭绝事件，每一次都深刻地改变了地球的生物面貌。而今，科学家们正密切关注并讨论着可能正在发生的第六次物种大灭绝。

与前五次主要由自然因素（如陨石撞击、火山爆发、气候变化等）引发的物种大灭绝不同，第六次物种大灭绝的阴影更多地与人类活动紧密相连。随着工业化、城市化的加速推进，人类对自然资源的过度开采、生态环境的破坏、污染物的排放以及外来物种的入侵等行为，都在以前所未有的速度和规模对生物多样性构成威胁。

在这场潜在的物种大灭绝中，无数珍稀动植物正面临着灭绝的危机。它们的栖息地遭受破坏，食物链被打乱，繁殖能力受到抑制，生存空间日益缩小。这些变化不仅威胁着生物多样性的完整性，还将直接影响到地球生态系统的稳定性和服务功能，进而对人类社会的可持续发展构成潜在风险。

如果同学们感兴趣，也可以多关注另一个层面的问题，即联合国在 2015 年提出的面向 2030 年的 17 个可持续发展目标。

面向 2030 年的 17 个可持续发展目标

 延伸阅读

2015 年 9 月 25 日，联合国可持续发展峰会通过了《2030 年可持续发展议程》，设定了 2016—2030 年世界可持续发展的总目标，提出了 17 个可持续发展目标，具体包括：

（1）在全世界消除一切形式的贫困；

（2）消除饥饿，实现粮食安全，改善营养状况和促进可持续农业；

（3）确保健康的生活方式，促进各年龄段人群的福祉；

（4）确保包容和公平的优质教育，让全民终身享有学习机会；

（5）实现性别平等，增强所有妇女和女童的权能；

（6）为所有人提供水和环境卫生并对其进行可持续管理；

（7）确保人人获得负担得起的、可靠和可持续的现代能源；

（8）促进持久、包容和可持续的经济增长，促进充分的生产性就业和人人获得体面工作；

（9）建造具备抵御灾害能力的基础设施，促进具有包容性的可持续工业化，推动创新；

（10）减少国家内部和国家之间的不平等；

（11）建设包容、安全、有抵御灾害能力和可持续的城市和人类住区；

（12）采用可持续的消费和生产模式；

（13）采取紧急行动应对气候变化及其影响；

（14）保护和可持续利用海洋和海洋资源以促进可持续发展；

（15）保护、恢复和促进可持续利用陆地生态系统，可持续管理森林，防治荒漠化，制止和扭转土地退化，遏制生物多样性的丧失；

（16）创建和平、包容的社会以促进可持续发展，让所有人都能诉诸司法，在各级建立有效、负责和包容的机构；

（17）加强执行手段，重振可持续发展全球伙伴关系。

　　17个可持续发展目标涵盖了三个自然条件：第一个是稳定的气候；第二个是水下生物，特别是海洋和湖泊中的生态系统；第三个是陆地生态系统，包括森林和农作物等。而中间环节是关于生产和消费活动的，涉及社区、清洁生产和能源效率等方面。人类发展的核心目标是如何更有效地利用这三个自然条件，以满足更高层次的社会发展目标，这些目标包括消除贫困、减少不平等、提高健康水平和教育水平等。

　　同时，这些目标也揭示了一个问题，即自工业革命以来，人类进入了一个被称为"人类世"的新时代，这意味着由于生产能力和技术水平的提高，人类对自然界的影响已经超过了自然界自身的演化能力。

知识链接

　　在探索地球历史的长河中，科学家们发现了一个新颖而引人深思的概念——人类世。这个词听起来既神秘又充满未来感，其实它讲述的是我们人类活动对地球产生的深远影响，以及这种影响如何成为地球历史上一个新的篇章。

　　地球就像一本厚重的历史书，每一页都记录着不同的时代和故事。从古老的恐龙时代到冰川覆盖的冰河期，再到万物复苏的全新世，地球经历了无数次的变迁。而现在，科学家们认为，我们正处在一个全新的时代——人类世。

　　人类世，顾名思义，就是人类活动成为影响地球环境变化主导因素的时代。在过去几个世纪里，随着工业革命的兴起、科技的飞速发展以及人口的不断增长，人类对自然资源的开采和利用达到了前所未有的规模。我们建造房屋、开采矿产、燃烧化石燃料、排放温室气体……这些活动不仅改变了地球的面貌，还深刻地影响了地球的气候、生态系统和生物多样性。

在人类世，我们可以清晰地看到人类活动的"印记"，比如：大气中的二氧化碳浓度持续上升，导致全球气候变暖；海洋中的塑料垃圾不断增加，形成了触目惊心的"塑料大陆"；森林被大规模砍伐，许多物种因此失去了家园，面临灭绝的威胁。这些变化不仅影响着自然界的其他生物，还直接关系到人类的未来。

在过去的几千年中，全球变化的主导力量可能是自然界本身的一些变化，因为那时人类的影响还相对微小。然而，自工业革命以来，全球人口实现了前所未有的增长，如今全球人口总量已超过 80 亿。与此同时，社会经济也经历了从农业社会时期人均年收入长期停滞在低水平的一两百美元，到如今全球范围内人均年收入已超过 1 万美元的显著飞跃。因此，化肥的使用量增加了，食物的需求量增多了，房屋建造所需要的原材料也增多了。所有这些资源都需要从自然界中获取。我们可能需要更多的渔业资源、耕地资源、矿石资源和能源，这些资源都是自然界为我们提供的。

而且，自工业革命以来，特别是第二次世界大战后，各种指标增长的速度明显加快。这导致一些地方可能面临资源短缺的问题，因为自然界无法持续提供如此大量的资源。这种短缺可能反过来对社会经济发展产生影响和制约。因此，我们必须采取措施来应对这种情况。气候变化便是这些问题中的一个显著例子，它不仅关乎环境，还可能在多个层面产生广泛而深远的影响。

⚏ 二、气候变化的指标和评估

　　全球平均气温、全球平均海平面、北半球积雪覆盖面积是衡量和评估全球气候变化及其影响的重要指标。

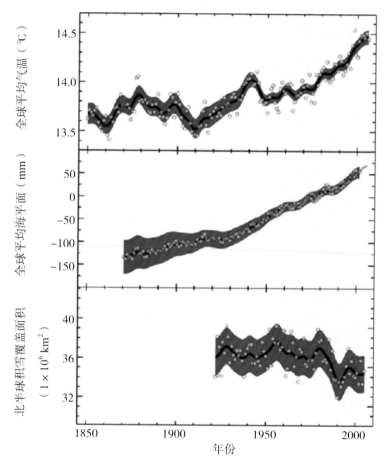

全球平均气温、全球平均海平面、北半球积雪覆盖面积的变化趋势

（1）全球平均气温

从 1850 年至今，全球平均气温持续上升。最新的科学观测数据表明，截至 2023 年，与工业革命前相比，全球平均气温上升了约 1.45 ℃。

（2）全球平均海平面

由于冰川融化，海平面也在升高。在过去一两百年间，海平面大约上升了 20 cm。按照目前的趋势，海平面还将继续上升。

（3）北半球积雪覆盖面积

当前，包括北冰洋和喜马拉雅山脉在内的冰川都在不断减少和萎缩。

当然，全球平均气温的上升并不意味着所有地区都会同步升温或降温。从全球范围来看，通常人口密集的地区温度升高的趋势更为显著。因此，在人口密集地区，人们更容易感受到升温的影响，而降温的现象可能更多地出现在偏远地区。

此外，科学家们对已有的研究成果并不满足，他们通过计算机模型对人类未来的发展趋势进行了模拟，并得到了多种可能性。例如，在下图中，科学家们预测了未来 300 年的时间尺度（自 2000 年起），即到 2300 年，不同的人类活动模式可能对温度产生的不同影响。其中，图中红色区域和红色线条描绘的是一种较为悲观的预测结果。如果未来 200 年内人类仍然维持当前的发展方式，例如继续使用燃油车、燃煤发电以及燃煤和天然气供暖，大气中温室气体的浓度将持续上升，这可能导致温度上升幅度远超 1 ℃，而是达到 7～8 ℃，从而引发严重的后果。相比之下，图中蓝色区域和蓝色线条展示的是一种乐观的预测结果。如果人类能够采取更有效的行动，转变发展方式，减少温室气体的排放，甚至实现零排放，那么未来温度上升的趋势将得到遏制，稳定在不超过 2 ℃的增长范围内。

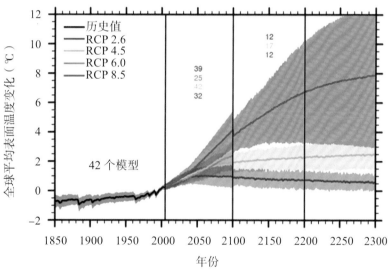

全球平均表面温度的变化

代表性浓度路径（Representative Concentration Pathways，RCPs）是一种用于描述未来全球人为碳排放情景的量化指标。

根据 2100 年可能达到的**辐射强迫**水平，这些路径被划分为四个不同的类别，分别是 RCP 2.6（低排放）、RCP 4.5（中排放）、RCP 6.0（较高排放）和 RCP 8.5（极高排放）。这些路径代表了不同的温室气体浓度情景，用于评估气候变化对不同领域的影响以及采取应对措施的效果。例如，RCP 8.5 表示到 2100 年，由二氧化碳、甲烷等温室气体，太阳辐射以及云层变化所导致的地球系统辐射强迫将达到 8.5 W/m^2。

 知 识 链 接

　　辐射强迫是一个用于描述地球 – 大气系统能量平衡变化的重要概念。具体来说，辐射强迫是指由于气候系统内部变化或外部强迫（如二氧化碳浓度、太阳辐射等）引起的对流层顶垂直方向上的净辐射变化，这个变化量通常以"W/m^2"为单位来衡量。辐射强迫的值通常是相对于工业化前时期（定义为 1750 年）的辐射状况来计算的差值。

　　温室气体（如二氧化碳、甲烷等）浓度的增加是辐射强迫的主要来源之一，这些气体能够吸收地球表面发出的热辐射，并将这些热量重新辐射回地球，从而导致地球表面温度上升。同时，太阳辐射的变化也会对辐射强迫产生影响。虽然太阳辐射的变化相对较小，但它仍然是影响地球气候系统的重要因素之一。除了温室气体和太阳辐射外，其他因素如云层变化等也会对辐射强迫产生影响。这些因素通过改变地球 – 大气系统的辐射特性来影响辐射强迫的大小和方向。

如果是 RCP 8.5 情景，即未来温室气体排放浓度较高，温度上升也将更为剧烈。例如，根据温度预测数据，北冰洋和北极地区在 RCP 8.5 情景下，温度上升可能超过 10 ℃。这意味着北冰洋可能在夏季完全失去冰块，变成一个无冰的海洋。可以想象，这对北极熊将是多么致命的打击，或许在那一天到来之前，它们就已经因为无法觅食而面临灭绝的风险，因为它们在寻找食物时需要游很远的距离，即使游泳能力再强，也可能因体力不支而溺水。

实际上，我们目前已经观测到大约 1.45 ℃ 的温度上升，也看到了上述现象正在发生。当然，其中也包含了一些积极的变化。例如，科学家们提出一个观点，即中国的西北地区正在变得更为温暖和湿润。以陕西省为例，该地区曾经存在一个沙漠，这个沙漠曾是我国"四大沙漠"之一。多年来，我国一直在努力与这片沙漠进行斗争，试图将其改造成绿洲。令人振奋的消息是，最近几年这片沙漠已经不复存在。成功的背后，一方面得益于治沙力度的加大这一人为因素，另一方面则是我国西北地区降水的增多这一自然因素。

你知道已经"消失"的是哪个沙漠吗？

扫描二维码
查看参考答案

延伸阅读

在中国的西北地区，近年来发生的一系列变化生动地展示了该地区正逐渐变得更为温暖和湿润的趋势。

（1）湖泊重现生机

曾经因为干旱而几近干涸的一些湖泊，如青海湖周边的某些小型湖泊，开始重新蓄水，水面逐渐扩大。这不仅为当地的生态环境带来了新的活力，还吸引了更多的水鸟和其他野生动物前来栖息。

（2）草原绿意盎然

随着降雨量的增加，西北地区的草原变得更加郁郁葱葱。原本稀疏的草地开始茂盛起来，这为牛羊等牲畜提供了更丰富的食物来源，同时也改善了草原的生态环境，减少了沙尘暴的发生。

（3）冰川融化加速

虽然冰川融化本身是一个复杂的气候变化问题，但在西北地区，一些高山冰川的融化速度确实在加快。这导致山脚下的河流流量增加，为下游的农田灌溉和居民生活提供了更多的水资源。当然，这也引发了关于水资源可持续利用和冰川保护的思考。

（4）农作物种植区北移

由于气候变暖，一些原本只适合在南方种植的农作物，如玉米、小麦等，现在可以在更北的西北地区种植。这不仅丰富了当地的农作物种类，还提高了土地的利用率和农民的收入水平。

（5）沙尘暴减少

湿润的气候有助于固定土壤，减少沙尘暴的发生。近年来，西北地区的沙尘暴次数和强度都有所下降，这与该地区气候变得更为湿润有着密切的关系。

（6）动植物种群变化

随着气候和环境的改善，一些原本不常见于西北地区的动植物开始在这里出现或增多。比如，一些热带或亚热带边缘的鸟类可能会因为气温上升而向北迁徙，停留在西北地区的时间更长。同时，一些耐旱植物也因为降雨量的增加而更加茂盛。

科学家对这种变化进行了深入分析，认为主要有两种原因。首先，西北地区进行了大力的植树造林工作。其次，这与西北地区的气候变化有关，降雨量的增加使得人们所种植的树木得以存活。如果你热爱旅游，你会发现以前西北地区很多荒凉的山地如今已变得绿意盎然。这些都可能是气候变化导致降水增加，从而带来了积极的生态效应。

　　然而，这背后也存在一些隐忧。例如，青海湖的面积扩大，你可能会好奇这背后的原因。这是因为冰川融雪增多，导致局部地区降水量增加，地表径流也相应增多，这在短期内带来了积极的生态效果。但是，这种情况是否可持续呢？一旦冰川完全融化，未来的情况将会如何？降水量是否还会像现在这么多？这些都是目前还存在不确定性的问题。

 延伸阅读

　　青海湖位于青藏高原东北部，湖面海拔约为 3193 m，面积约为 4321 km^2，是我国面积最大的内陆咸水湖。它不仅是世界高原内陆湖泊湿地类型的典型代表，还是水鸟重要的繁殖地和迁徙通道的关键节点。作为中国西部重要的水源涵养地和水气循环通道，青海湖对于维系青藏高原的生态安全具有至关重要的作用。此外，青海湖还构成了阻止西部荒漠化向东蔓延的天然屏障，被誉为中国西北部的"气候调节器"和"空气加湿器"，同时也是青藏高原不可或缺的物种基因库，对维护区域生态平衡具有深远的意义。

⋮⋮ 三、气候变化带来的影响

　　如果我们任由气候持续变暖，将会产生怎样的后果呢？
科学家通过研究和观测给出了一些预警信息。

　　蜜蜂对温度变化极为敏感，如果温度过高，它们可能会
大量死亡，甚至面临灭绝的风险。这将导致许多果园和农作
物无法得到有效的授粉，从而影响产量，我们日常的食物供
应也会减少。

　　全球变暖对海岸线的稳定性也会造成不利影响。此外，像高山草甸这样脆弱的生态系统也将面临严峻挑战。如果温度上升过快，它们可能会逐渐消失。同时，这也会影响海洋生物，特别是某些渔业活动。一些鱼类可能只适应较冷的水域，在水温升高后，它们将不得不迁徙到其他地方。这将导致传统渔场的消失，或者鱼类种群的减少，对海产品的供应也会产生严重影响。

气候变化还可能对人类的健康产生显著影响。例如，高温和热浪可能导致中暑，而寒潮则可能引发呼吸道疾病。此外，气候变化还可能对水环境造成严重影响，特别是珊瑚礁。在当前的升温趋势下，科学家已经观测到，如澳大利亚大堡礁这样著名的珊瑚礁群中，有50%以上的珊瑚礁已经白化，即已经死亡，因为它们无法适应过高的温度。当然，气候变化还可能加剧空气污染问题，并对热带雨林等森林生态系统产生负面影响。

总的来说，气候变化带来的各种风险需要我们高度重视。就健康而言，

气候变化主要体现在三个关键指标上：温度的上升、降水的变化（过多或过少可能分别导致洪涝或旱灾），以及海平面的上升。其中，海平面的上升将会对海岸线附近的基础设施（如公路和海滩）造成不利影响。

　　气候变化的影响是复杂且多方面的，不同国家可能会受到不同程度的影响。例如，岛屿国家可能面临消失的风险，而海岸线较长的国家则将直接受到海平面上升的威胁。此外，发达国家、发展中国家以及欠发达国家在应对气候变化方面可能持有不同的态度和立场。

　　20 世纪 80 年代以来，人类逐渐认识并日益重视气候变化问题。为应对气候变化，1992 年 5 月 9 日通过了《联合国气候变化框架公约》。截至 2023 年 10 月，共有 198 个缔约方。我国于 1992 年 11 月 7 日经全国人民代表大会批准《联合国气候变化框架公约》，并于 1993 年 1 月 5 日将批准书交存联合国秘书长处。《联合国气候变化框架公约》自 1994 年 3 月 21 日起对中国生效。

　　《联合国气候变化框架公约》的核心内容包括：

　　（1）确立应对气候变化的最终目标；

　　（2）确立国际合作应对气候变化的基本原则，主要包括"共同但有区别的责任"原则、公平原则、各自能力原则和可持续发展原则等；

（3）明确发达国家应承担率
先减排和向发展中国家提供
资金技术支持的义务；

（4）承认发展中国
家有消除贫困、发展
经济的优先需要。

　　如今，气候变
化已成为全球面临
的严峻挑战，它不
仅威胁着自然资源、
农业生产，还直接影响
人类的健康和生活质量。

　　（1）气候变化可能对我们
所依赖的水资源产生多种影响，
包括饮用水、农业灌溉用水以及
发电厂所需的冷却用水等。同
时，干旱无疑会给农作物的生
产带来负面影响。

　　（2）气候变化可能直接威胁
人类的健康，例如极端的寒冷或高
温。在炎热的环境中，我们可能会中暑，

甚至患热射病，这反映了人体在高温条件下难以适应。而在寒冷的环境中，我们的心血管系统和呼吸系统则可能受损。

知 识 链 接

热射病是一种极为严重的中暑类型，通常发生在高温高湿的环境下，当人体长时间暴露于这样的环境中，身体无法有效散热，导致体温调节功能失衡，进而引发一系列危及生命的病症。

热射病初期，人们可能会感到头晕、头痛、恶心、呕吐，身体大量出汗以试图降温。但随着病情的恶化，会出现皮肤干热无汗、体温急剧升高（往往超过 40 ℃）、心跳加速、呼吸急促甚至困难、意识模糊或昏迷等严重症状，此时身体已经无法通过自然方式散热，必须立即进行紧急医疗干预。

那么，如何才能预防热射病呢？第一，避免高温时段外出。尽量在早晨或傍晚较凉爽时进行户外活动。第二，科学补水。无论是否口渴，都要定时补充水分，运动或出汗后更要增加饮水量，但避免饮用含咖啡因或高糖的饮料。第三，穿着透气衣物。选择浅色、宽松、透气的衣物，有助于散热。第四，合理使用空调或风扇。在室内时，利用空调或风扇调节室温，保持凉爽。第五，关注身体状况。一旦出现中暑症状，应立即停止活动，到阴凉处休息，并寻求医疗帮助。

（3）气候变化可能增加传染病的风险。在热带地区，疟疾、登革热和血吸虫病等传染病通常由蚊子或血吸虫传播。

在寒冷的环境下，这些传染源难以生存；而在温暖且湿润的环境中，它们则更容易繁殖。随着气候变暖，这些传染源的生存范围可能向北扩张，蚊子和细菌等也随之迁徙，从而增加传染病发生的风险。

2024 年 8 月 27 日，美国新罕布什尔州公共卫生部门发布公报说，该州一名感染东部马脑炎病毒的成年男子已死亡。这是该州近十年来首例人感染东部马脑炎病毒病例。

东部马脑炎是一种急性脑炎，因曾在北美洲东部流行而得名。据公报介绍，这名男子为该州汉普斯特德镇居民，因严重中枢神经系统疾病住院，后病重去世。他的东部马脑炎病毒检测结果呈阳性。此外，2024年夏天以来，新罕布什尔州还在马匹及蚊子中检测到东部马脑炎病毒，邻近的马萨诸塞州、佛蒙特州等地也出现了类似情况。

东部马脑炎病毒可通过蚊子叮咬传播，引起人和马出现东部马脑炎。该病是一种急性脑炎，患者感染后的初期症状包括发热、颈部僵硬、头痛、乏力等。据美国疾病控制和预防中心网站介绍，东部马脑炎是一种罕见但严重的疾病，目前尚无疫苗和针对性治疗药物，患者病死率约为30%，许多幸存者留有后遗症。

（4）气候变化可能通过加剧空气污染来影响人类的健康。随着气温的上升，地面臭氧和其他空气污染物的形成速度可能加快，导致空气质量下降。尤其是在城市地区，由于人口较为密集、工业化程度较高，空气污染问题更为严重。长期暴露于污染空气中会增加患呼吸道疾病、心血管疾病等健康风险。此外，气候变化还可能加剧森林火灾和沙尘暴等自然灾害，进一步恶化空气质量，对人类健康构成更大威胁。

（5）气候变化可能对农业生产产生重大影响。如果农业生产受到影响，将会导致粮食歉收，进而增加民众面临饥饿和营养不良的风险。特别是在欠发达地区，如非洲，仍有大量人口无法获得足够的食物。如果气候变化进一步导致粮食减产，将直接威胁这些地区人口的生存状况。

（6）气候变化还可能对能源供应和消费产生影响。解决气候变化问题的一个重要方向在于减少对化石能源（如煤炭、石油和天然气）的依赖，更多地利用可再生能源，如风能、太阳能、生物质能以及水能等。然而，值得注意的是，这些可再生能源的利用与自然资源状况紧密相关。如果未来气候变暖，则会导致极端天气事件频发，例如飓风可能会破坏风力发电厂的基础设施，进而对风能的稳定供应构成潜在威胁。

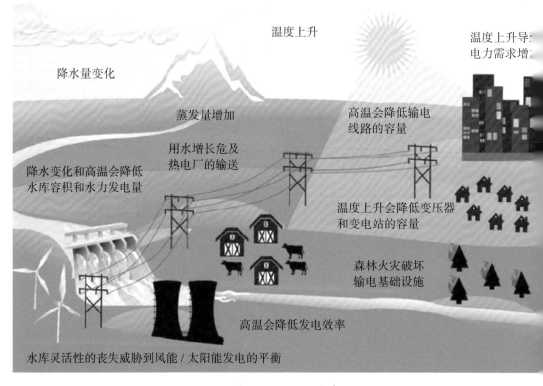

温度上升

温度上升导致
电力需求增长

降水量变化

蒸发量增加

用水增长危及
热电厂的输送

高温会降低输电
线路的容量

降水变化和高温会降低
水库容积和水力发电量

温度上升会降低变压器
和变电站的容量

森林火灾破坏
输电基础设施

高温会降低发电效率

水库灵活性的丧失威胁到风能／太阳能发电的平衡

气候变化对能源供应和消费的影响

另一个例子是水力发电。2022 年 8 月，我国四川省和华南地区遭遇了持续一个多月的大范围干旱，导致四川省河流的水量显著减少。而四川省是一个特殊的地区，其电力供应在很大程度上依赖于水力发电。如果河流干涸，水力发电量将大幅减少，导致电力供应紧张，不得不采取拉闸限电的措施。同时，从需求方面来看，随着温度的升高，更多居民需要使用空调来降温，因此电力需求量会增加。然而，由于电力供应量的下降，电力供需之间将产生巨大缺口，这不仅会影响居民的生活舒适度，还可能导致一些工厂面临关闭的风险，甚至居民用电也可能被迫中断。这充分说明了气候变化对能源供应和消费的直接影响。

 延伸阅读

2022 年 8 月，四川省遭遇了持续高温干旱的灾害性天气，面临历史同期最高的极端高温和最少的降雨量。这导致江河来水严重偏枯，岷江流域及渔子溪支流来水与多年同期相比减少了近 40%，多个水库的水位逼近死水位，天然来水电量由同期的约 9×10^8 kW·h 下降至约 4.5×10^8 kW·h，降幅高达 50%，造成全省供电支撑能力大幅下降。

在电力供应大幅下降的同时，高温天气却使得用电需求激增。高温之下，人们纷纷开启空调降温，导致降温负荷居高不下，电力电量出现"双缺"局面，最大用电负荷同比增加 25%。

为了保障电力供给和电网安全，四川省积极采取措施"开

源节流"。一方面，倡议企业主动扩大避峰用电范围，并对四川省内部分高载能企业实施停产让电于民的紧急调控措施。另一方面，加大火电、光伏、风电等其他电源的发电计划执行力度，并从东北、华北、西北等地区购入电量，以增大水电在四川省内的供电规模，同时削减了四川省在低谷时期的年度外送计划电力。

同时，也有科学家进行了估算，发现气候变化的影响不仅限于之前提到的几个系统，还可能给各行各业带来巨大风险。在下图中，气候变化或温度上升可以用一个温度计来表示，其中红色部分代表温度上升的程度，最高可达 3.5 ℃。由此可以推演出从 1 ℃ 逐渐升至 2 ℃，进而攀升至 3.5 ℃ 的

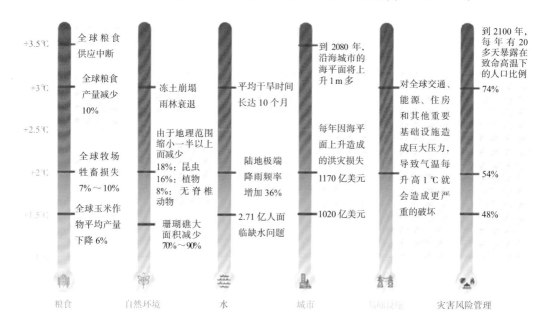

气候变化给各行各业带来的巨大风险

变化趋势。深入分析后可以发现，当温度上升超过 2 ℃时，这预示着一个极其危险的世界即将到来。

为什么这么说呢？举一个例子，上图中最左边一列展示了气候变化对未来粮食生产的影响。当温度上升 3 ℃时，全球粮食产量可能会减少10%。这10%的减少意味着什么呢？对于生活条件较好的国家来说，影响可能相对较小，最多是粮食价格上涨，人们可能需要稍微减少一些食物摄入，但通常不会面临饥饿的威胁。然而，对于许多欠发达国家来说，这将是一个巨大的打击。比如非洲国家，如果全球粮食减产10%的情况在非洲发生，可能会导致当地粮食产量减少30%～40%。而这些国家原本就有着数以百万计的饥饿人口，粮食产量的进一步减少将使上亿人面临饥饿的风险。同样地，城市居民也无法幸免。如果城市基础设施受到极端天气的影响，比如电力供应中断，这也将给城市居民的生活带来极大的不便。因此，不论我们生活在哪里，都无法避免气候变化带来的影响，它会深入到我们生活的方方面面。

TE

HUMAN PERIO

ERUPTIONS CLIMA

VOLCANIC

COOLING EXTENDED

OBSERVATIONS

LONG SOLA

PLATE

第二讲

温室效应之源与
全球责任

⠿ 一、地球上温度的变化

　　首先，让我们将时间轴拉长至过去80万年，观察这期间在南极洲所发生的一切。下图中有两条曲线，下部的红色曲线直观地展示了气候学家利用探测技术，从南极冰芯中逆向推导出的过去80万年间南极洲的平均温度变化情况。大家可以看到，其趋势起伏不定，有的高温时期温度甚至比现在高出4～5 ℃，甚至7～8 ℃，低温时期则可能比现在低6～7 ℃。这意味着地球的温度在过去数十万年间有着自然的上下波动，既有较为寒冷的时期，也有相对温暖的时期。

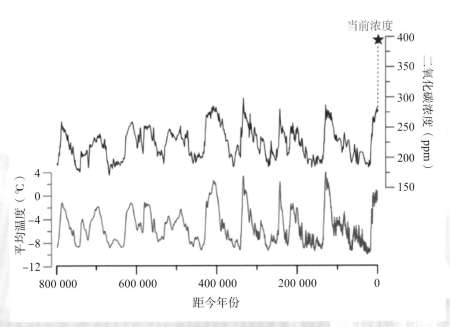

南极洲在过去80万年间的平均温度和二氧化碳浓度变化情况

　　而上部的蓝色曲线则是由古气候学家通过各种手段，逆向推导出的过去80万年间地球大气层中二氧化碳的浓度。这一物理量的单位是ppm，表示每100万个空气分子中有多少个二氧化碳分子。在右边的蓝色坐标轴上，我们可以看到，在过去80万年间，其数值在200～275 ppm波动。这意味着每100万个空气分子中，有200～275个二氧化碳分子。

？想一想

你知道现在大气的组成中浓度最高的气体是什么吗？它的占比有多少？

扫描二维码
查看参考答案

　　有意思的是，二氧化碳的浓度有高有低。当浓度高时，它与下方红色曲线的高温阶段相吻合；当浓度低时，它与下方红色曲线的低温阶段相呼应。这说明在过去80万年间，地球的温度与二氧化碳的浓度高度相关。当二氧化碳的浓度升高时，温度也相应升高；当二氧化碳的浓度降低时，温度则随之降低。

　　过去80万年间，温度上下波动大概有10～12 ℃，这似乎在诉说着史前人类时期所遭受的各种自然灾害。比如，洪水等灾难在古代神话中有所描绘。温度的上升、气候的变化可能深刻地影响了原始的人类社会。

📖 延伸阅读

在古代神话的璀璨星河里，洪水等灾难常常被赋予深邃的象征意义与英雄主义的色彩，它们不仅是自然界力量的展现，还是古代先民对自然的敬畏、抗争及智慧传承的生动写照。

（1）大禹治水

在我国的古代神话中，大禹治水的故事广为流传。相传远古时期，天地间暴发了一场前所未有的大洪水，人民流离失所，生灵涂炭。天帝派下鲧（大禹之父）治水，未果。后鲧之子大禹继承父志，他三过家门而不入，采用疏导而非堵截的方法，历经千辛万苦，终于成功治理了洪水，使百姓安居乐业，这一壮举被后世传颂为勤劳、智慧与奉献精神的典范。

（2）诺亚方舟

《圣经》的《创世记》篇章讲述了诺亚方舟的故事。上帝因人类罪恶深重，决定用洪水毁灭世界，但提前告知了义人诺亚，让他建造一艘大船，带上家人及动物（每种动物各选取一公一母）逃难。当洪水滔天时，诺亚方舟成为唯一的避难所。最终，洪水退去，诺亚一家及船上的生灵得以存活，重新繁衍人类与万物，象征着新生与希望。

这些古代神话中的洪水等灾难故事，不仅丰富了人类的文化宝库，还激励着后人勇敢面对自然挑战，追求和谐共生的智慧与勇气。

现在，让我们将视角缩小，聚焦于过去 1 万年间三种重要温室气体（即二氧化碳、一氧化二氮与甲烷）浓度的变化趋势。从下图中，我们可以清晰地看到，在这 1 万年间，它们的浓度曾经相对稳定。然而，自工业革命以来，情况发生了显著变化，其上升的幅度非常剧烈，达到了一个远超过去 1 万年的新高度。

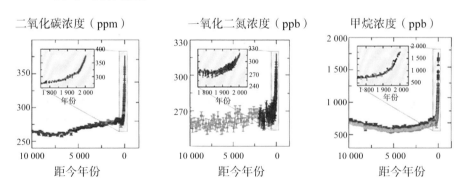

过去 1 万年间三种重要温室气体浓度的变化趋势

　　当我们回顾过去的 1 万年，人类从原始文明逐步转向农业文明，再从农业文明过渡到工业文明，这一系列的转变都离不开数千年来相对风调雨顺的气候条件，这些气候条件为种植农作物提供了有利的基础。这些农作物既不会因洪水泛滥而损毁，也不会因干旱而歉收。当然，这一转变的背后离不开人类不断积累与学习的农业知识和智慧。然而，随着工业文明的崛起和发展，虽然生产力得到了极大提高，但遗憾的是，在过去的 200 年间，人类对环境的污染和破坏却愈演愈烈。

　　在农业文明时期，二氧化碳、一氧化二氮、甲烷等温室气体的全球循环处于相对平衡的状态。然而，随着毁林开垦、水稻种植、化肥使用等行为的发生，这些温室气体的排放量逐渐增加。特别是氮肥的使用，它可能转化为一氧化二氮排放到大气中，进一步加剧温室效应。

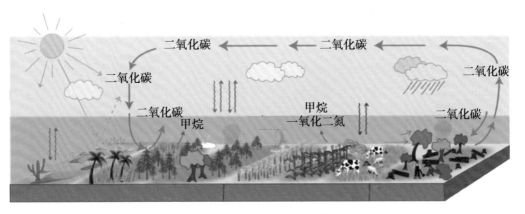

自然系统中温室气体的循环

但同时，我们也要看到，陆地生态系统，包括森林、草原等，在这些气体的循环中扮演着重要的角色。它们通过光合作用吸收二氧化碳，并将其固定在生物质中。这是一个自然的循环过程。然而，人类的过度活动，如大量饲养反刍动物、过分依赖燃油车辆和煤炭发电等，打破了这一循环，导致碳排放量远大于正常状态，进而造成了温室气体浓度的显著增加。

 **知识链接**

反刍动物是偶蹄目中的一个亚目，其特点在于具有一种独特的消化方式——反刍。反刍是指这些动物在进食一段时间之后，将胃中半消化的食物重新返回到嘴里进行再次咀嚼的过程。这种消化方式对于反刍动物来说至关重要，因为它们主要采食植物性饲料，如草、树叶、果实等，这些食物富含纤维素等难以消化的成分，通过反刍过程，它们能够更有效地利用这些食物。

反刍动物在消化过程中，通过微生物发酵分解饲料会产生甲烷，这些甲烷排放量约占农业生产中甲烷排放总量的66%，从而成为继二氧化碳之后，引发温室效应的第二大重要气体来源。

常见的反刍动物包括骆驼、长颈鹿、梅花鹿、水牛、黄牛、奶牛、绵羊、山羊、羚羊、羊驼等。这些动物在全球范围内广泛分布，并在各自的生态系统中发挥着重要作用。

▦ 二、温室效应

温室效应是一种由于温室气体进入大气层而产生的气候变暖现象。当温室气体（如二氧化碳）被排放到大气中时，它们会捕获并储存部分来自太阳的能量，使得地球表面的气温稍高于外部空间，这种效应在小型环境（如蔬菜大棚）中尤为显著。如果把这一概念扩展到整个地球，我们可以想象，这就像给地球盖上了一层厚厚的棉被，使地球显得更加温暖。

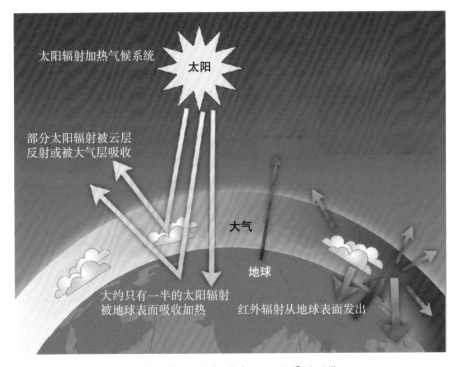

温室效应给地球"盖了一层厚被子"

　　在月球上，由于缺乏大气层的保护，阳光能够直接照射
到月球表面，导致月球表面温度迅速攀升。而当夜幕降临，
失去了太阳直射的热量来源，月球表面温度又会急剧下降，
几乎不具备保温效果。相比之下，地球的情况截然不同。地
球的大气层中含有温室气体，这些气体能够有效调节地球表
面温度，使之维持在一个相对稳定的范围内，从而为地球上
的生物创造了一个相对温和且适宜的生存环境。

　　下图中左侧的黄色箭头表示地球表面从各个地方获取能量，其中最大的能量来源是太阳。黄色箭头上所写的"340 W/m²"代表每平方米的地球表面可以从太阳接收约340 W的能量值，相当于地球被一个巨大的"浴霸"照射。然而，并不是所有的能量都会直接到达地球表面。实际上，每平方米只有约161 W的能量能够到达地球表面，剩余的能量被云层反射回宇宙或者被大气层吸收掉了。

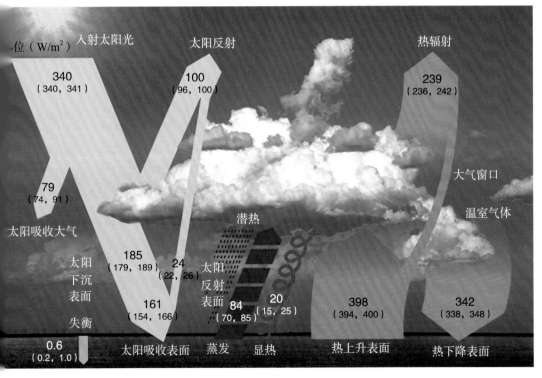

温室气体的作用

📖 延伸阅读

　　在浩瀚的自然界中，有一种神奇而重要的气体，它如同一位隐形的守护者，默默地在地球的大气层中履行着守护生命的职责，它就是被人类亲切地称为"臭氧"的气体。

　　在地球的大气层中，臭氧主要分布在两个区域：一个位于高层大气中的平流层，那里有一个被称为"臭氧层"的区域，它像一把巨大的保护伞，遮挡住了来自太阳的大部分有害紫外线辐射；另一个则存在于近地面的大气中，虽然那里的臭氧含量较低，但在某些特定环境下也发挥着重要作用。

　　对于生活在地球上的生物来说，臭氧层的重要性不言而喻。太阳发出的紫外线中，有一部分对人体和动植物极为有害，它们能够破坏细胞的 DNA，导致皮肤晒伤、皮肤癌，甚至影响植物的生长和繁殖。而臭氧层就像是地球的"天然防晒霜"，将这些有害的紫外线吸收或散射掉，保护地球上的生物免受其害。

　　上图中右侧的橙色箭头表示地球向外界释放的长波辐射，这些长波辐射使地球的热量不断地向宇宙散失，导致地球逐渐冷却。若以当前地球的温度为基准，每平方米的地球表面大约会丧失 398 W 的热量。在此状态下，地球向外辐射的能量远超过从太阳接收的能量，仿佛预示着地球将逐渐步入寒冷。

物体的温度越高，其辐射中最强部分的波长越短；反之，温度越低则波长越长。由于地球表面的温度远低于太阳，因此地面辐射的波长也相应比太阳辐射的波长要长。相对而言，太阳辐射属于短波辐射，而地面辐射则属于长波辐射。

然而，有趣的是，大气层中的那些温室气体——除了之前提到的三种，还有水蒸气等——它们具备一种独特的能力。这些温室气体能将原本要散失到宇宙空间的长波辐射反射回地球表面，这部分能量大约有 342 W/m^2。这部分能量是自然界温室效应赋予地球表面的温暖，它如同一道屏障，截留了即将流失的能量。因此，地球并未如我们所想象的那样逐渐变得寒冷。

"截留"实际上是指"大气的保温作用"。地面辐射释放的长波辐射大部分被空气中的水蒸气、二氧化碳等吸收，大气在吸收这些地面长波辐射后会增温。同时，大气在增温的过程中也会向外辐射长波辐射，且这部分大气辐射大部分向下射向地面，其方向与地面辐射方向相反，因此被称为"大气逆辐射"。大气逆辐射将热量传递给地面，这在一定程度上补偿了地面辐射所损失的热量，对地面起到了保温的作用。

试想，若没有大气层中的这些温室气体，地球表面的温度将会如何呢？通过物理学公式的计算，我们可以得知那时的温度将大约是 -18 ℃。在这样的低温下，地球将被一片冰雪覆盖，变得寒冷无比。这样的环境显然不适宜人类生存，小麦、玉米等农作物将无法生长，人类可能面临饥饿与严寒的威胁，人类文明也许无法发展到如今的高度。

正是这些温室气体，使得全球的平均温度维持在宜人的16 ℃，相较于没有温室效应的地球，温度提升了约 34 ℃。因此，我们应当客观看待温室效应，因为它实际上为人类和地球上的其他生命带来了极大的益处。它使我们免受 -18 ℃严寒的侵袭，将地球塑造成了一个风和日丽、气候宜人的生命家园。

然而，自工业革命以来，人类活动使得大气中二氧化碳、一氧化二氮和甲烷等温室气体的浓度显著上升，进而截留了更多的长波辐射，使得原本 340 W/m^2 的太阳辐射能量略有增加（具体为 2.29 W/m^2）。尽管这在自然界温室效应中的占比还不到 1%，但正是这微小的变化导致了全球变暖，进而引发了各种气候灾害。这是一个值得我们深思的严重问题。

事实上，我们向大气中排放的不仅是二氧化碳、一氧化二氮和甲烷等温室气体，还包括二氧化硫和氮氧化物等空气污染物。其中，部分气体导致气温上升，而另一些则可能产生冷却效果。

增温气体无疑涵盖了前述三种温室气体，再加上水蒸气以及卤代烃——一种我们在化学课程中了解到的含氟或卤素的气体。卤代烃的一个常见来源是家用空调中使用的氟利昂。若氟利昂发生泄漏，它不仅会威胁到臭氧层，还是一种不可忽视的温室气体。

此外，气溶胶作为空气污染、雾霾等现象的组成部分，其效应与温室气体截然相反。这些气溶胶并不会导致气温升高，反而能够散射或吸收阳光，从而起到降温的作用。

 知识链接

气溶胶，这个听起来有点神秘的名字，其实是我们日常生

活中很常见的一种自然现象，也是科学探索中一个非常有趣的话题。简单来说，气溶胶就像是空气中的微小"旅行家"，它们由固体或液体的小颗粒悬浮在气体中组成，就像是大海中的浮游生物，只不过这次它们是在空气中"遨游"。

想象一下，清晨的阳光透过树叶的缝隙，照在地上形成斑驳的光影，那些随风轻轻飘散的雾气，或是我们呼吸时产生的微小水珠，甚至是远处工厂烟囱排出的烟尘，它们都有一个共同的身份——气溶胶。这些微小的颗粒，有的肉眼可见，如轻雾；有的则小到必须用显微镜才能看到，比如空气中的尘埃、花粉、病毒等。

气溶胶的"旅行"能力非常强，它们可以随着风飘向远方，甚至跨越国界，影响全球的环境和气候。比如，火山爆发时喷出的火山灰就是一种典型的气溶胶，它们能在大气中停留数周甚至数月，对气候产生显著影响。同样，森林大火产生的烟雾、人类活动排放的污染物等，也都是气溶胶的重要来源。

然而，气溶胶并非总是"捣蛋鬼"。在自然界中，它们也扮演着重要的角色。比如，云的形成就与气溶胶密切相关。云中的水滴或冰晶，其实就是由水蒸气在气溶胶颗粒上凝结或凝华而成的。此外，气溶胶还能通过散射和吸收太阳光，影响地球的辐射平衡，从而对气候产生调节作用。

然而，当温室气体的增温效应与气溶胶的冷却效应叠加时，其净效应仍然是增温，即所谓的 2.29 W/m^2 是扣除增温与冷却效果后得出的结果。

这好比我们地球上的"浴霸"功率从 340 W 增加到了 342 W，虽然只是微小的增长，却已让人类倍感压力。这是一个非常有趣的现象，自然界的温室效应原本是对人类有益的，但人类的介入，仅在短短 200 年间，就使温室效应增加了将近 1%。一方面，这充分说明，在大自然面前，人类的扰动显得如此微不足道。尽管我们努力了 200 年，也只能让温室效应变动或增加将近 1%。另一方面，这微小的变化却带来了诸多负面影响。因此，我们既是自然界的渺小存在，又是改变其平衡的重要力量。

⋮⋮⋮ 三、温室气体的来源

温室气体的来源广泛多样，主要可以分为自然来源和人为来源两大类。

（1）自然来源

生物活动：在森林、草原等自然生态系统中，植物、动物和微生物的呼吸作用、分解作用等都会产生二氧化碳、甲烷等温室气体。例如，湿地中的厌氧细菌在分解有机物时会释放甲烷。

地质活动：火山喷发、地热活动、岩石风化等自然过程也会释放温室气体。火山喷发时会释放大量的二氧化碳、硫化物等气体，而地热活动则可能通过温泉、间歇泉等形式释放甲烷等气体。

海洋与湖泊：海洋和大型湖泊中的生物活动和化学过程也会产生温室气体，特别是甲烷和二氧化碳。海洋中的浮游植物通过光合作用吸收二氧化碳，同时海洋也是二氧化碳的重要储存库。然而，在特定条件下（如海底冷泉、热液喷口），海洋也会释放甲烷等温室气体。

（2）人为来源

化石燃料燃烧：燃烧煤炭、石油和天然气等化石燃料是人为温室气体排放的主要来源。这些活动包括发电、交通运输、工业生产、家庭取暖等，都会排放大量的二氧化碳。

工业生产过程：许多工业生产过程，如水泥生产、钢铁制造、化工生产等，都会排放温室气体。特别是水泥生产过程中的碳酸钙分解会产生大量的二氧化碳。

农业活动：农业活动是另一个重要的温室气体排放源。农业生产中稻田排放的甲烷、反刍动物排放的甲烷和一氧化二氮，以及化肥生产和使用过程中排放的一氧化二氮等，都是不可忽视的温室气体排放源。

土地利用变化：森林砍伐、草原退化等土地利用变化会导致植被覆盖减少，土壤碳库中的碳被释放到大气中，从而增加温室气体的排放。

废弃物处理：垃圾填埋场中的有机物分解会产生甲烷等温室气体，而焚烧废弃物则会排放大量二氧化碳。

接下来，我们将探讨不同地区的温室气体排放情况。回顾过去的100多年，温室气体的排放主要来源于一些发达地区，如北美洲、欧洲的少数地区。然而，自1990年愈演愈烈的全球化以来，温室气体排放的增加则主要来自发展中国家。

通过深入的分析，我们不难发现，一些发达国家如美国、欧洲各国的温室气体排放在某些阶段呈现减少趋势，特别是德国、法国等欧盟国家，在20世纪七八十年代就已经开始逐步减少温室气体的排放，这归因于它们的基础设施已经足够完善，无须进行大规模的新建房屋、道路工程，人们的购车需求也趋于稳定。

然而，像中国这样的发展中国家情况却截然不同。自改革开放以来，中国经济经历了前所未有的高速增长，工业化、城市化进程迅速推进，这不可避免地导致了能源消耗的大幅增加和温室气体排放的显著上升。

通过下面这幅图，我们可以直观地看到，近30多年来，不同国家温室气体排放量的变化趋势有着显著差异。

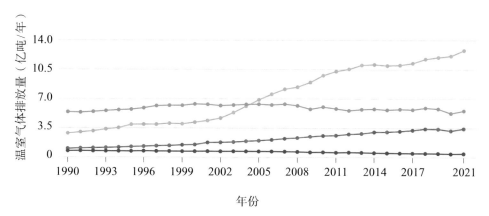

1990—2021 年不同国家温室气体排放量的变化趋势

?₂想一想

仔细观察上图，试判断美国、英国、中国、印度分别对应哪个颜色的曲线。

显然，上图中那些增长相对平稳甚至有下降趋势的曲线，无疑代表着发达国家；而那些迅速增长的曲线，则代表着发展中国家。

现在让我们揭晓答案：蓝色曲线和粉色曲线分别代表美国和英国，黄色曲线代表中国，而橙色曲线则代表印度。

让我们再进一步深入探索，过去几十年，温室气体排放量大幅增加，这些排放究竟源自哪些行业？不同地区的排放特征又有何不同？

　　下图描绘了 1990—2021 年全球不同行业温室气体排放量的占比。其中，能源行业（包括建筑、运输等行业中的能源消耗）无疑是最大的温室气体排放源，占据了全球温室气体排放量的 75% 以上；其次是农业和工业，大约分别占据了 12% 和 7%；林业和其他土地利用行业与我们日常生活中的食品生产紧密相关，从而也排放了部分温室气体。

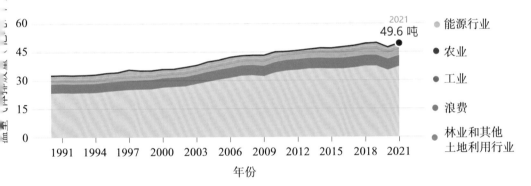

1990—2021 年全球不同行业温室气体排放量的占比

　　当然，关于温室气体排放的行业来源，不同地区的差异性颇为显著。以东亚地区为例，其温室气体排放主要来源于能源行业和工业，这表明在能源方面，东亚国家多以煤炭为主要燃料，同时在工业生产中也大量使用煤炭。这既是为了满足国内基础设施建设的需求，也是为了向发达地区出口商品。这背后实际上反映了东亚国家经济结构的特点——以工业为主导，能源结构以煤炭为主体。在全球经济链条中，东亚国家大多扮演着生产者的角色，为发达国家提供各类商品。因此，许多污染不可避免地转移到了东亚国家，这是经济规律下的必然现象。

除了工业，林业和其他土地利用行业也扮演着重要角色。不同的饮食方式导致了温室气体排放量的巨大差异。在这里，我们引入一个新概念——碳足迹。

 知 识 链 接

碳足迹是指企业机构、活动、产品或个人通过交通运输、食品生产和消费以及各类生产过程等引起的温室气体排放的集合。碳足迹的计算覆盖了产品或服务从生产、运输、使用到废弃处理的整个生命周期内的排放。

这一概念最初由生态学家威廉·里斯和马希斯·威克那格提出，是生态足迹概念的衍生。生态足迹是衡量人类对地球资源消耗和环境影响的指标，而碳足迹则更具体地关注与气候变化相关的气体排放。

碳足迹的概念于1999年被首次提出，最初仅指每年因特定活动而排放的二氧化碳的总量，通常以"吨"为单位。然而，随着时间的推移，碳足迹的概念得到了扩展和完善，包含了更广泛的温室气体排放，如甲烷、氮氧化物等。

在计算碳足迹时，通常需要对一系列活动或产品生命周期中产生的温室气体排放进行量化。这可以通过以下几种不同的方法来完成，每种方法都有其特定的适用范围和精确度。

（1）生命周期评估法

这是一种自下而上的计算方法，它详细考虑了产品或活动从原材料提取、生产、运输、使用到废弃处理整个生命周期中的温室气体排放。这种方法常用于评估特定产品或服务的碳足迹，其结果相对准确，但计算过程较为复杂。

（2）基于能源消耗的排放计算

这种方法主要根据所使用的矿物燃料的碳排放系数，以及能源在使用过程中的效率来计算碳足迹，适用于大型设施或企业的碳足迹计算。

（3）投入产出法

这是一种自上而下的计算方法。该方法基于经济系统的投入产出表来评估碳足迹，适用于国家或区域尺度的碳足迹评估，但其精确度通常低于生命周期评估法。

碳足迹的应用范围广泛，不仅涵盖了个人、企业和国家等多个层面，还对全球合作与国际贸易产生了深远影响。随着全球对气候变化问题关注度的不断提高，碳足迹的应用将更加广泛和深入。

在探寻我们所消费或生产的物品背后的碳足迹时，我们有必要深入了解其整个生产链条中二氧化碳的排放量。或许有些同学对肉食情有独钟，而有些同学则偏爱素食，不同饮食习惯人群的碳足迹存在显著差异。总体来看，素食者的年度碳排放量通常比肉食者低一半。例如，下图中的数据显示，素食者可能每年排放 1.5 ～ 1.7 吨二氧化碳，而肉食者的二氧化碳排放量则可能高达 3.3 吨。

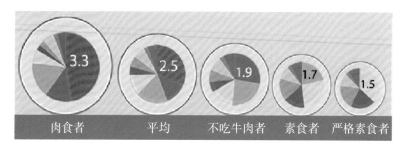

不同饮食习惯人群的碳足迹

为何会有如此显著的差异？通过分析不同食物种类的碳足迹，我们可以发现一条有趣的规律。从牛肉到羊肉、猪肉，再到鸡肉、鸡蛋，乃至牛奶，每种食物的碳足迹都有所不同。

其中，四条腿动物的碳足迹普遍高于两条腿动物的碳足迹。具体而言，每消耗 1 千克牛肉，其背后的碳排放量可能高达 56.6 千克；而每消耗 1 千克羊肉的碳排放量则为 31.3 千克。相比之下，猪肉和鸡肉的碳足迹较低，即每消耗 1 千克猪肉，碳排放量约为 8.8 千克；每消耗 1 千克鸡肉，碳排放量约为 7 千克。鸡蛋的碳足迹更低，即每消耗 1 千克鸡蛋，碳排放量约为 3.9 千克。至于牛奶，其碳足迹与肉类相比则更为微小。

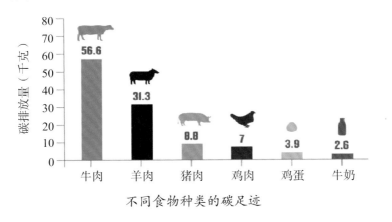

不同食物种类的碳足迹

由此可见，不同的饮食习惯会给我们的大气环境和气候变化带来截然不同的影响。因此，在享受美食的同时，我们也应当关注其对地球环境所带来的潜在压力，并倡导更为绿色、低碳的饮食方式。

TE

HUMAN PERIO

ERUPTIONS CLIMA

VOLCANIC

COOLING EXTENDED

OBSERVATIONS

LONG SOLA

UENCE WA

PLATE

应对气候变化的策略与机遇

⠿ 一、碳中和的目标

"气候变化"这一议题汇聚了无数科学家在过去三四十年间的集体智慧与辛勤努力，并得出了几条非常明确的结论。第一，气候变化是由人类活动引起的，这一点已毋庸置疑。第二，如今全球气温相较于工业革命前已上升了约 1.45 ℃，且这一上升趋势仍在持续。第三，越来越多的观测数据表明，气候变化随全球变暖程度增加而更为严重。

气候变化随全球变暖程度增加而更为严重

政府间气候变化专门委员会（Intergovernmental Panel on Climate Change，IPCC）发布的全球气候模型直观地展示了从 20 世纪 70 年代至 2023 年，上千位科学家经过近 40 年的艰苦努力所得出的重要共识。同学们若是对此感兴趣，不妨深入探索 IPCC 的相关评估报告，它作为联合国下设的科学机构，汇聚了全球顶尖的科研力量。当然，除了自然科学家，还有众多社会经济学者、国际关系研究者、外交谈判家等也在这一领域贡献了自己的力量。

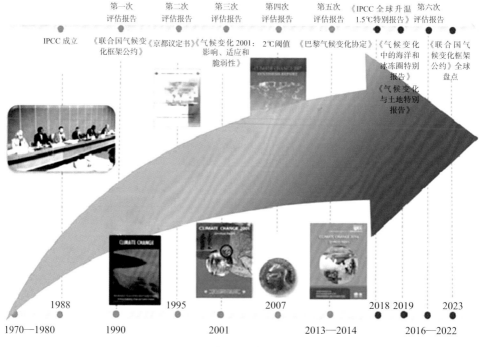

IPCC 发布的全球气候模型

　　IPCC 成立于 1988 年，旨在提供有关气候变化的科学技术和社会经济认知状况、气候变化原因、潜在影响和应对策略的综合评估。至今，IPCC 已发布了多次评估报告，这些报告在全球范围内产生了广泛的影响。例如，第四次评估报告于 2007 年发布，该报告指出人类活动对气候变化的影响是明确的，并呼吁全球采取行动减缓气候变化。第五次评估报告则进一步强调了气候变化的严重性和紧迫性，并提出了适应和减缓气候变化的建议。IPCC 的评估报告和特别报告为全球决策者提供了重要的科学依据和数据支持，推动了全球气候治理的进程。这些报告不仅提高了公众对气候变化问题的认识，还促进了国际社会在气候变化领域的交流与合作。

　　从科学家的角度来看，气候变化的研究领域已经孕育了多位诺贝尔奖得主。其中，日裔美籍科学家真锅淑郎是地球科学领域引入数值模拟的先驱，尤其以对全球变暖的研究而闻名于世。20 世纪 60 年代，他领导了地球气候物理模型的开发，并将对流引起的气团垂直输运以及水蒸气的潜热纳入其中。他的研究展示了大气中二氧化碳含量的增加如何导致地球表面温度升高，为当前气候模型的发展奠定了基础。

2021年诺贝尔物理学奖一半授予日裔美籍科学家真锅淑郎和德国科学家克劳斯·哈塞尔曼，他们因对"地球气候的物理建模、量化可变性和可靠地预测全球变暖"的开创性贡献而获奖；另一半授予意大利科学家乔治·帕里西，他发现了"从原子到行星尺度的物理系统中无序和涨落的相互作用"。

当然，除了科学家的卓越贡献外，国际关系研究者也扮演着举足轻重的角色。他们每隔一段时间就会参与各国之间的谈判，共同制定出一系列具有法律约束力的文件。其中，1997年诞生的《京都议定书》堪称典范，它明确要求发达国家必须实施减排措施。此后，我们还见证了《巴黎气候变化协定》等里程碑式的文件。若未来有同学对外交事务怀有浓厚兴趣，气候变化领域无疑将为你提供一个广阔的舞台。同时，如果你对大气物理或化学怀有浓厚兴趣，同样可以在气候变化的研究中发光、发热。

《京都议定书》于1997年12月在日本京都召开的联合国气候变化框架公约参加国第三次会议中制定。其目标是将大气中的温室气体含量稳定在一个适当的水平，以保证生态系统的平滑适应、食物的安全生产和经济的可持续发展。《京都议定书》的制定是全球协作控制全球温暖化所迈出的重要一步，准确反映了世界各国对全球温暖化的一致立场，即人类必须控制和降低温室气体的排放以控制和缓解全球温暖化。

2015 年在巴黎气候变化大会上通过、2016 年在纽约签署的《巴黎气候变化协定》是世界上第一个全面的气候协议。从环境保护与治理的角度来看，《巴黎气候变化协定》的最大贡献在于明确了全球共同追求的"硬指标"。从人类发展的角度来看，《巴黎气候变化协定》将世界所有国家都纳入了呵护地球生态、确保人类发展的命运共同体当中。协定涉及的各项内容摒弃了"零和博弈"的狭隘思维，体现出与会各方多一点共享、多一点担当，实现互惠共赢的强烈愿望。

之前我们提到，一旦全球气温上升超过 2 ℃，甚至逼近 3 ℃，人类或将步入一个危机四伏的世界，各种天灾将层出不穷。然而，值得庆幸的是，经过众多科学家、政治家以及谈判专家的共同努力，人类已经设定了一个小目标：确保在 21 世纪末，即 2100 年之前，全球气温上升不超过 2 ℃，最好能够控制在 1.5 ℃左右。只要全球气温能够维持在这一上升区间，其影响将是可控的，人类就有能力适应它，甚至采取措施来改善它。

当然，对于人类社会而言，我们所设定的温度上升目标是一个至关重要的安全阈值。目前，全球气温已经上升了约 1.45 ℃，这意味着我们距离那个严峻的目标仅剩下极为有限的空间。因此，我们必须采取果断且有力的行动，以确保能够顺利达成这一目标。

要实现温度控制的目标，至关重要的一环便是控制我们的排放。科学家们已经进行了测算，倘若我们将目标设定在 1.5 ℃ 或 2 ℃ 的升温范围内，那么在接下来的七八十年里，我们还能允许多少温室气体排放呢？若以 1.5 ℃ 为限，则排放上限约为 5500 亿吨；若放宽至 2 ℃，则排放上限约为 8500 亿吨。唯有确保未来的排放量控制在这一范围内，我们方有可能实现 1.5 ℃ 或 2 ℃ 的温度控制目标。

或许数千亿吨的数值听起来颇为庞大，但实际上并非如此。我们只需要审视当前全球温室气体的年度排放数据——每年约 600 亿吨二氧化碳。若以此速度持续排放，短短 15 年内累积的排放量就将高达 9000 亿吨，这已然超出了 2 ℃ 的排放上限。假若我们继续维持这样的排放速度，恐怕到 2030 年，2 ℃的温度控制目标就将岌岌可危；而到了 2100 年，气温上升 3 ℃甚至 4 ℃ 都将成为可能。这正是我们刻不容缓地减少温室气体排放的原因。

⠿ 二、碳中和的全球行动

展望未来，同学们将在人生的各个阶段——青年、中年乃至老年，见证一场人类社会的巨大变革。这场变革即我们所谈论的碳中和，它将对你们的生活、学业和职业产生深远的影响。那么，让我们进一步看看，碳中和究竟意味着什么呢？

从温室气体排放的角度来看，倘若没有碳中和的目标，继续因循旧有的发展模式，未来的温室气体排放量仍将是惊人的。但显然，这样的道路已无法持续，否则我们将突破5500亿吨甚至8500亿吨的温室气体排放上限。相反，我们必须立即采取行动，减少温室气体排放，直至21世纪中叶，即2050年左右，将温室气体排放控制在极低的水平。

社会经济系统减碳的过程正如一个人决心减肥，不再像过去那样放纵自己，而是下定决心要减掉多余的脂肪。而这里的"脂肪"，实际上就类似于二氧化碳。为了地球的健康，我们的整个地区、整个经济体都需要进行一场"减肥"行动，即减少温室气体排放。

在认识到全球温室气体排放的严峻形势与节能减排的紧迫性之后，各国纷纷行动起来，探索并设定了具体的减排目标与路径。以中国为例，我们制定了两个重要目标——碳达峰和碳中和。前者意味着我们必须达到一个排放峰值，随后立即开始减排；而后者则要求我们最终实现排放与自然吸收的平衡，从而达到碳的中和状态。

 知识链接

如果我们把人类活动产生的二氧化碳等温室气体比作天空中不断增多的云朵，那么碳达峰就像是设定了一个云朵不再无限增加、开始趋于稳定的最高点。简单来说，碳达峰就是指一个国家或地区在某一个时间点，二氧化碳的排放量达到历史最高值后，不再继续增长，而是逐渐趋于平稳或开始下降的过程。这就像是我们跑步时，跑到一个顶点后开始调整呼吸，准备迈向更远的路程，但这次的目标不是更快，而是更绿色、更环保。

　　而碳中和则是我们向着更加清洁、低碳生活迈出的关键一步。它意味着通过植树造林、节能减排、发展可再生能源等多种方式来抵消掉我们自身活动所产生的二氧化碳排放量，使"排放"与"吸收"达到平衡，这就像是给地球穿上了一层隐形的绿色防护服。想象一下，每当我们因为生活或生产需要而排放出二氧化碳时，都有相应数量的树木或其他自然系统在默默工作，将这些碳吸收回去，保持大自然的纯净与和谐。

　　截至目前，全球已经有 138 个国家设定了碳中和目标，这些国家的温室气体排放量占全球的 73%，涵盖了大部分主要经济体。这些国家中既有像英国、德国、日本、韩国这样的发达经济体，也有包括中国、印度在内的主要发展中国家。

　　展望未来，我们可以从下表中看到，发达国家纷纷将实现碳中和的时间节点设定在 2050 年前后，而发展中国家则可能推迟至 2060 年或 2070 年。

部分国家实现碳达峰的时间和承诺实现碳中和的时间

国家	实现碳达峰的时间	承诺实现碳中和的时间
英国	在 20 世纪 70 年代初实现碳达峰后，较长时间处于平台期，目前排放量相对于峰值水平下降约 40%	2050 年
德国	在 20 世纪 70 年代末实现碳达峰后，较长时间处于平台期，目前排放量相对于峰值水平下降约 35%	2050 年
美国	在 2007 年实现碳达峰后，呈缓慢下降趋势，目前排放量相对于峰值水平下降约 20%	2050 年
日本	2013 年的排放水平达到历史最高，未来趋势还有待观察	2050 年
韩国	2013 年的排放水平达到历史最高	2050 年
中国	目前排放量还未达峰值，预计在 2030 年之前实现碳达峰	2060 年
印度	目前排放量还未达峰值	2070 年

那么，为了实现这一目标，人类可以采取哪些措施呢？接下来简要地为大家介绍日本政府所采取的一些政策措施。由于日本经济高度依赖进口煤炭、石油和天然气，而日本国内风能、光能的资源又相对有限，这使得日本在减少化石能源的使用和提高可再生能源的利用方面面临着极大的挑战。

　　然而，日本政府和科学家们并未被困境所束缚，而是积极寻求未来的出路。他们提出，或许可以大规模生产氢能，将其作为石油的替代品来驱动汽车，或者替代煤炭和焦炭来生产钢铁。这一设想并非空谈，而是随着一系列重要的技术突破逐渐形成的。日本政府在此领域投入了大量的科研资金，众多科学家也为之不懈努力。如今，日本在氢能技术方面已取得了显著的成就，其先进性值得世界各国借鉴与学习。

　　中国政府在应对气候变化方面同样展现出了坚定的决心，并付出了巨大的努力。自 2006 年起，从"十一五"规划到"十二五"规划，再到"十三五"规划，直至如今的"十四五"规划，我国始终将节能减排与能源转型的目标融入每一个"五年计划"中。具体而言，中国政府设定了在未来五年内，单位国内生产总值（GDP）二氧化碳排放量逐年降低的目标。这意味着，每生产 1 单位 GDP，其对环境造成的负担将不断减轻。

　　在落实这些规划的过程中，中国采取了一系列具体而有力的措施，例如：积极推动新能源汽车的研发和推广，通过提供购车补贴、建设充电设施网络等措施，极大地促进了电动汽车的普及；大力发展风能、太阳能等可再生能源，通过技术创新和产业升级，不断降低可再生能源的发电成本，提高其市场竞争力；在建筑、工业等多个领域实施节能减排措施，通过推广绿色建筑、提高能效标准等手段，不断降低能源消耗和碳排放。这些努力不仅有助于保护环境，还推动了经济的可持续发展。

2020 年，中国政府提出了备受瞩目的"双碳"目标，这一宏伟承诺在国际社会引起了广泛关注。所谓"双碳"即碳达峰与碳中和，它不仅体现了中国对环保事业的坚定追求，还预示着我们在减少碳排放的过程中，将迎来诸多崭新的发展机遇。

⦂⦂⦂ 三、实现碳中和的方法

如何实现碳中和？我们不妨用天平来做一个生动的比喻。天平的左侧是关于"减少"的部分——减少碳的排放量，这可以通过降低化石燃料的燃烧量、提升物品的回收利用率来实现。如此一来，我们可以减少不必要的物品生产，从而减少相应的碳排放。而天平的右侧则是关于"增加"的部分——增加碳的吸收量。这就像是一个加减法游戏，我们一方面努力减少碳源，另一方面则努力提升碳汇，让二者达到平衡，相互抵消。

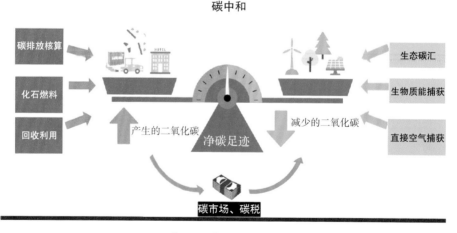

实现碳中和的方法

　　碳源和碳汇就像是地球生态系统中的呼吸系统，一个负责释放二氧化碳，另一个则负责吸收并储存它，二者共同维持着地球的气候平衡。简单来说，碳源是指产生并释放二氧化碳的源头，而碳汇则是指能够吸收并固定二氧化碳的自然系统或人工资源。

　　要实现碳源与碳汇的平衡，我们可以借助多种方法，如增加生态碳汇，通过植树造林、扩大生物质能源的使用，以及采用碳捕获与储存等先进技术。最主要的生态碳汇包括森林、海洋和土壤等。森林中的树木通过光合作用，将二氧化碳转化为有机物并储存在其体内；海洋则通过其庞大的水体和丰富的生物群落，吸收并储存大量的二氧化碳；而土壤中的微生物和植物根系也能吸收二氧化碳，并通过化学反应将其固定在土壤中。

　　碳捕获与储存（Carbon Capture and Storage，CCS）是指通过碳捕获技术，将工业和有关能源产业所产生的二氧化碳分离出来，再通过碳储存手段将二氧化碳储存起来。

　　CCS 技术能够显著减少工业和能源生产设施的二氧化碳排

放量。据国际能源署估计，CCS可以减少这些设施二氧化碳排放总量的20%。此外，CCS技术可以应用于多种排放源，包括燃煤电厂、水泥厂、化工厂等，灵活性高。

目前，全球已有多个CCS项目在运行或开发中，但整体上仍处于试验和示范阶段。随着全球对气候变化问题的重视和技术的不断进步，CCS技术有望在未来得到更广泛的应用。同时，碳捕获、利用与储存（Carbon Capture, Utilization and Storage, CCUS）技术作为CCS技术的延伸，通过对二氧化碳进行捕获、提纯后投入新的生产过程进行循环再利用或安全储存，展现出更大的应用潜力和经济价值。

当然，所有这些措施和技术的实施都需要资金支持。我们可能需要引入碳税，运用多种碳金融手段来确保这些措施得以顺利实施。这样，我们才能在减少碳排放的同时，确保碳吸收的增加，从而实现碳中和的目标。这是一个宏观且富有挑战性的任务。

碳税是针对某些造成二氧化碳排放的商品或服务，依照排放量来征收的一种税费。它通常由国家和地方政府制定和实施，并针对不同类型的排放活动（如工业、交通、能源等）设定不同的税率。征收碳税的主要目的是通过经济手段来减少温室气体的排放量，从而减缓全球变暖的速度。

我们可以进一步展望，碳中和目标达成后的世界将呈现出一番全新的景象。随着我们逐步减少碳排放，背后的能源结构亦将迎来颠覆性的变革。我们不再高度依赖煤炭、石油和天然气等化石能源，而是迎接一个以风能、光能、生物质能、水能等可再生能源为主导的新纪元。这样的转变将使我们的能源系统焕然一新，为实现碳中和目标奠定坚实的基础。

:::: 四、碳中和对未来发展的意义

碳中和预示着我们的生活方式将迎来深刻的转变。以出行为例，未来的座驾或许不再是燃油车，电动车或氢能驱动的车辆将成为主流。那么，这些电力和氢能又从何而来呢？它们将不再依赖于煤炭、石油或天然气，而是来源于风能、光能、水能、生物质能等新型、低碳、零碳的能源。这样的转变将让我们的能源系统更加绿色、环保。

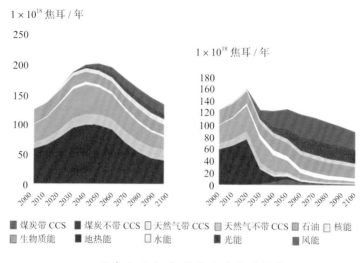

1×10^{18} 焦耳 / 年

碳中和目标实现前后的能源结构

不仅如此,我们的住所也将迈入低碳时代。冬日里的取暖设备、夏日里的空调,以及家中的各类电器,它们的能量来源同样值得我们关注。为了满足这些需求,我们可以利用可再生能源产生的电力。同时,对于制冷和取暖,我们还可以利用地热能,或借助空气源热泵等先进技术,这些都可以帮助我们摆脱对化石能源的依赖,实现更低碳的生活方式。

在饮食方面,科学家们已经在设想,未来的肉类食品或许不再依赖于传统的畜牧业,而是可以通过人造肉来实现。这些人造肉可能由大豆或其他非动物来源的原料制成,无须经过饲养动物这一环节,从而大大降低了碳足迹。尽管目前人造肉在价格上相对较高，且其口感和营养成分尚未被所有人接受，但它无疑为未来提供了一种可行的解决方案。

 知识链接

　　人造肉是人类通过科技手段模拟真实肉类的口感、质地和营养成分所制造出来的一种食品。它并不是从动物身上直接切割下来的，而是利用植物蛋白、细胞培养或者其他高科技方法制成的。这就意味着，我们可以不依赖传统的畜牧业，就能享受到美味的"肉类"食品。人造肉主要可以分为以下两大类。

　　（1）植物基人造肉

　　植物基人造肉以大豆、豌豆、小麦等植物蛋白为原料，通过特殊的加工技术，使其口感和质地与真实肉类相似。它不仅富含蛋白质，还富含纤维和维生素，是一种健康又环保的选择。

　　（2）细胞培养肉

　　细胞培养肉也称"实验室培育肉"。这种技术更加前沿，它利用从动物身上提取的少量细胞，在实验室的特定条件下进行培养，使其增殖并长成类似于真实肉类的组织。虽然这项技术目前还处于研究和开发阶段，但它有着巨大的潜力和前景。

　　随着科技的进步和人们对环保、健康饮食关注度的不断提高，人造肉有望在未来成为我们餐桌上的重要一员。它不仅能够满足我们对美食的追求，还能帮助我们解决一系列环境问题和社会问题。

　　为了实现这些转变，我们的电力系统也需要进行彻底的革新。未来的电力将不再主要依赖于煤炭或天然气，而是转向水能、风能、光能、生物质能、地热能和潮汐能等可再生能源。这样的转变将显著减少电力生产中的碳排放，从而有效推动全社会整体碳排放水平的稳步下降。

　　然而，我们必须认识到，碳排放的减少并不是一蹴而就的，也并不是所有碳排放都能轻易降至零的。在特定领域和生产过程中，碳排放是不可避免的。以农业为例，一氧化二氮和甲烷的排放并非仅源于化石燃料的燃烧，而是与土地耕作和化肥使用紧密相关。只需要翻动土壤、施用化肥，这些碳排放就会自然产生，因此很难完全清零，除非我们完全放弃化肥使用，但这又可能对农作物的产量造成负面影响。

同样，在制造业中，如水泥生产，也存在一种被称为"过程排放"的现象。当碳酸钙分解为氧化钙时，会释放大量二氧化碳，这与能源燃烧无关。这部分碳排放是在化学反应过程中产生的，且数量庞大。因此，只要我们需要建造房屋、使用水泥，这部分碳排放就难以避免。

　　这就像减肥一样，我们不可能将身体内的脂肪完全消除，保持一定的体脂率才是健康的。对于剩余的这部分碳排放，我们要设法将其"回收"。可以通过海洋中的蓝藻等生物进行吸收，也可以利用矿物碳化技术、空气捕捉技术，通过设备直接从空气中捕获二氧化碳。此外，当利用生物质能发电时，如燃烧木材产生的碳排放，我们可以将其捕捉并储存至地下，这也是一种可行的方法。

　　植被吸收和土壤固碳这两个策略旨在增强碳汇能力。通过植树造林的方式，将空气中的二氧化碳转化为树木的生物质。随着树木的成长，它们就像自然界的守护者，将碳从空气中"吸收"并储存于体内，从而发挥了碳汇和碳吸收的关键作用。尽管最终可能仍有约10%的碳排放难以避免，但我们已拥有多种方法加以应对。

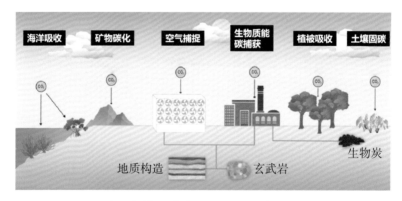

利用负排放技术"回收"二氧化碳

想象一下，我们所做的这一切努力，究竟能带来怎样的成效呢？这就像一个人努力减肥的过程，充满挑战，正如我们现在面临的能源转型。许多传统的煤电厂可能不得不关闭，燃油车市场也可能经历变革。这些变革确实伴随着痛苦，因为它们不仅关乎众多人的就业问题，还意味着整个社会需要经历痛苦的转型过程。但此刻，我们不禁要问：这些转型究竟能为我们带来哪些好处？对于国家、社会，乃至我们每一个人，这些变革又意味着什么呢？

⠿ 五、碳中和中蕴藏的机遇

自 20 世纪 90 年代后期起，中国的石油进口量已远超石油产量，并且这一差距日益扩大，如今大约 73% 的石油依赖进口。这意味着，我们不得不从中东等地区进口石油，其中隐藏着不小的供应链风险。

再来看天然气，我们已投入数以万亿计的资金，从中亚、俄罗斯的西伯利亚，甚至缅甸等地引进天然气。然而，即便我们付出了巨大的代价，这些气源供应的稳定性仍是未知数。一旦遭遇突发事件，我们的能源安全也将受到波及。

　　但如果我们能够用可再生能源替代这些石油和天然气，那么这些进口和输送管道的安全风险就会化为乌有。届时，我们或许能在西北广袤的土地上，或许能在蔚蓝的海域中，用风能、太阳能等清洁能源取而代之。如此一来，我们的能源便能实现自给自足，更加稳定，不再受制于人。

　　此外，这对我们的环境也是大有裨益的。如果我们的汽车都采用电力驱动，便无须再燃烧石油和汽油；如果电力来自风能和太阳能，便无须再燃烧大量的煤炭。要知道，煤炭的燃烧和汽车尾气都是雾霾的"罪魁祸首"。随着这些清洁能源的普及，雾霾天气将越来越少，我们的蓝天将越来越多。

　　当然，另一个关键要素亦不容忽视，即从高碳向低碳的转型，这背后均依托于科学技术的重大突破。在20世纪90年代，当时的人们所憧憬的现代化生活充斥着各种电器，如录音机、摄像机、电视机、收音机等，每一种娱乐活动都需

要特定的电器来满足。然而，自从 2007 年智能手机问世以
来，这些传统电器的众多功能便被集中在一部小巧的设备上，
这极大地节约了生产这些电器所需的原材料，如钢材、塑料
等，同时也减少了废弃物的产生。这种功能集成不仅节省了
物质和原材料的投入，还大大降低了单位设备的电力消耗，
这便是技术突破的一个鲜明例证。未来，我们同样需要众多
这样的技术革新，来助力我们淘汰煤电厂、替换燃油车，并
优化钢铁生产工艺。

　　如果我们继续按照当前的方式行事，不改变我们的行为模式，那么可能导致全球气温上升 3 ℃甚至 5 ℃这样的不良前景。我们只有采取行动，降低碳排放，才能控制全球气温的上升。我们就像是地球的守护者，提供科学的解决方案，为应对气候变化的研究作出贡献。同时，气候变化是一个涉

及多国的问题，需要平衡各方诉求。比如，某些岛屿国家可能迫切希望减排，而一些发展中国家则认为他们还需要时间来发展，这期间需要更多的碳排放空间。这就需要我们去谈判，找到一个各方都能接受的条件和目标。这自然需要高超的外交技巧，同学们可以在这个领域发光、发热。

在应对气候变化的征途上，碳中和不仅从技术、国际关系，还从科学研究等多个层面呼唤着我们的共同努力。期待在未来的五年、十年里，我们都能投身这一伟大事业，共同迈向碳中和的目标。实现碳中和正是我们迈向高质量发展不可或缺的重要一环。

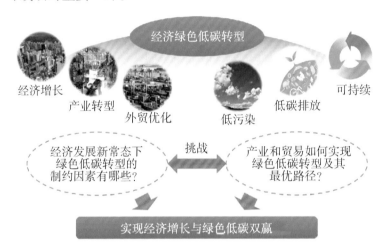

那么，何为高质量发展呢？它是否意味着要牺牲经济增长？绝非如此。相反，它追求的是经济增长的稳健与持久。同时，我们还需要进一步优化经济结构，避免成为盲目追求经济增长的"虚胖"者，而应当追求一个健康、有活力的"肌肉型"经济体。通过优化产业结构、贸易结构，我们能够构建一个既具备高水平增长动力，又拥有健康经济结构的经济体。蓬勃发展的产业、贸易与低污染、低碳排放的可持续发展模式相辅相成，将共同描绘出一幅绿色、低碳且充满活力的未来图景。如此，我们方能实现经济增长与绿色、低碳的双赢，迈向更加美好的明天。

 思考探索

1. 你所在的城市是否正在经受某一种气候变化影响？请找出该气候变化的具体影响，并尝试从个人、企业或政府的某一个角度，来谈谈你认为可以用什么办法来应对不利影响。

2. 你了解"低碳食物"吗？我们在日常生活中应该选择什么样的食品，才能减少温室气体的排放呢？

3. 你如何看待气候变化与可持续发展的关系？

4. 身为中学生，在气候变化的大背景下，你会如何规划自己的职业发展？

北大附中简介

北京大学附属中学（简称北大附中）创办于1960年，作为北京市示范高中，是北京大学四级火箭（小学－中学－大学－研究生院）培养体系的重要组成部分，同时也是北京大学基础教育研究实践和后备人才培养基地。建校之初，学校从北京大学各院系抽调青年教师组成附中教师队伍，一直以来秉承了北京大学爱国、进步、民主、科学的优良传统，大力培育勤奋、严谨、求实、创新的优良学风。

60多年的办学历史和经验凝练了北大附中的培养目标：致力于培养具有家国情怀、国际视野和面向未来的新时代领军人才。他们健康自信、尊重自然，善于学习、勇于创新，既能在生活中关爱他人，又能热忱服务社会和国家发展。

北大附中在初中教育阶段坚持"五育并举、全面发展"的目标，在做好学段进阶的同时，以开拓创新的智慧和勇气打造出"重视基础，多元发展，全面提高素质"的办学特色。初中部致力于探索减负增效的教育教学模式，着眼于学校的高质量发展，在"双减"背景下深耕精品课堂，开设丰富多元的选修课、俱乐部及社团课程，创设学科实践、跨学科实践、综合实践活动等兼顾知识、能力、素养的学生实践学习课程体系，力争把学生培养成乐学、会学、善学的全面发展型人才。

北大附中在高中教育阶段创建学院制、书院制、选课制、走班制、导师制、学长制等多项教育教学组织和管理制度，开设丰富的综合实践和劳动教育课程，在推进艺术、技术、体育教育专业化的同时，不断探索跨学科科学教育的融合与创新。学校以"苦炼内功、提升品质、上好学年每一课"为主旨，坚持以学生为中心的自主学习模式，采取线上线下相结合的学习方式，不断开创国际化视野的国内高中教育新格局。

　　2023年4月，在北京市科协和北京大学的大力支持下，北大附中科学技术协会成立，由三方共建的"科学教育研究基地"于同年落成。学校确立了"科学育人、全员参与、学科融合、协同发展"的科学教育指导思想，由学校科学教育中心统筹全校及集团各分校科学教育资源，构建初高贯通、大中协同的科学教育体系，建设"融、汇、贯、通"的科学教育课程群，着力打造一支多学科融合的专业化科学教师队伍，立足中学生的创新素养培育，创设有趣、有价值、全员参与的科学课程和科技活动。